育てて、しらべる
日本の生きものずかん 1

監修　高家博成　農学博士・昆虫学者
撮影　佐藤 裕・安東 浩
絵　Cheung*ME

クワガタムシ

集英社

もくじ

- クワガタムシのことぜんぶ知りたい …4
- 日本のクワガタが大集合！ …8
- アジアのクワガタ大集合 …16
- クワガタムシとなかよしになろう …22
- クワガタムシは林が大すき …24
- クワガタムシのくらし …26
- クワガタムシの一生 …28
- クワガタムシをつかまえよう …30
- 幼虫を育てよう …32
- クワガタムシをかってみよう …34
- クワガタムシおもしろちしき …36

出てくる日本のクワガタムシ
オオクワガタ …10
ヒラタクワガタ …11
ノコギリクワガタ …12
コクワガタ…13
ミヤマクワガタ …13
ツシマヒラタクワガタ…14
トクノシマヒラタクワガタ…14
サキシマヒラタクワガタ…14
オキナワヒラタクワガタ …14
トカラノコギリクワガタ…15
アマミノコギリクワガタ…15
オキノエラブノコギリクワガタ …15

出てくるアジアのクワガタムシ
メタリフェルホソアカクワガタ…16
セアカフタマタクワガタ…16
フタテンアカノコギリクワガタ …16
オウゴンオニクワガタ…17
パプアキンイロクワガタ…17
ディディエールシカクワガタ …17
ワラストンツヤクワガタ…18
ルデキンツヤクワガタ …18
スペクタビリスツヤクワガタ…19
スチーブンスツヤクワガタ …19
アンタエウスオオクワガタ…20
シェンクリングオオクワガタ…20
グランディスオオクワガタ …20
ダイオウヒラタクワガタ…21
パラワンオオヒラタクワガタ…21
スマトラオオヒラタクワガタ…21

クワガタムシのことぜんぶ知りたい

クワガタムシは大アゴがじまん！

えさを さがしにきた、ノコギリクワガタ。木のみきから出る あまい えきが、大こうぶつなんだ。

いろんなしゅるいや見つけ方かい方のコツを知りたい！

クワガタムシは かたくてじょうぶな体の、甲虫のなかまです。ピカピカひかる黒茶色、おこるとふり上げる 大きなアゴ。見つけると ドキドキするけど、きゅうには とばないので、手でも つかまえられます。かっこいい なかまたちや、クワガタムシの ふしぎなひみつを さがしましょう。

オオクワガタの、オスとメス。オスは メスとくらべると、だいぶ体が大きいね。

体のつくりを見てみよう

かたくて じょうぶな体はどうなっているんだろう？

羽
かたい前羽の下に、やわらかくて うすいうしろ羽があります。

むね
足や、羽などの、うごくものが あつまっています。ここをつかむと、つかまえやすい。

ひふ
あつくて じょうぶなからで、体をまもっています。ヒトのようなほねは ありません。

大アゴ
口が へんかしたもので、けんかのときや、木のみきを けずるときに、つかいます。メスの大アゴが小さいのは、たまごをうむために、木にあなを あけるとき べんりだからです。中は くうどうです。

メスの大アゴ

目
小さな目が、たくさんあつまって、ひとつの目になっています。これを複眼といいます。

頭
目や触角などの、ものをかんじる ぶぶんがあつまっています。

6

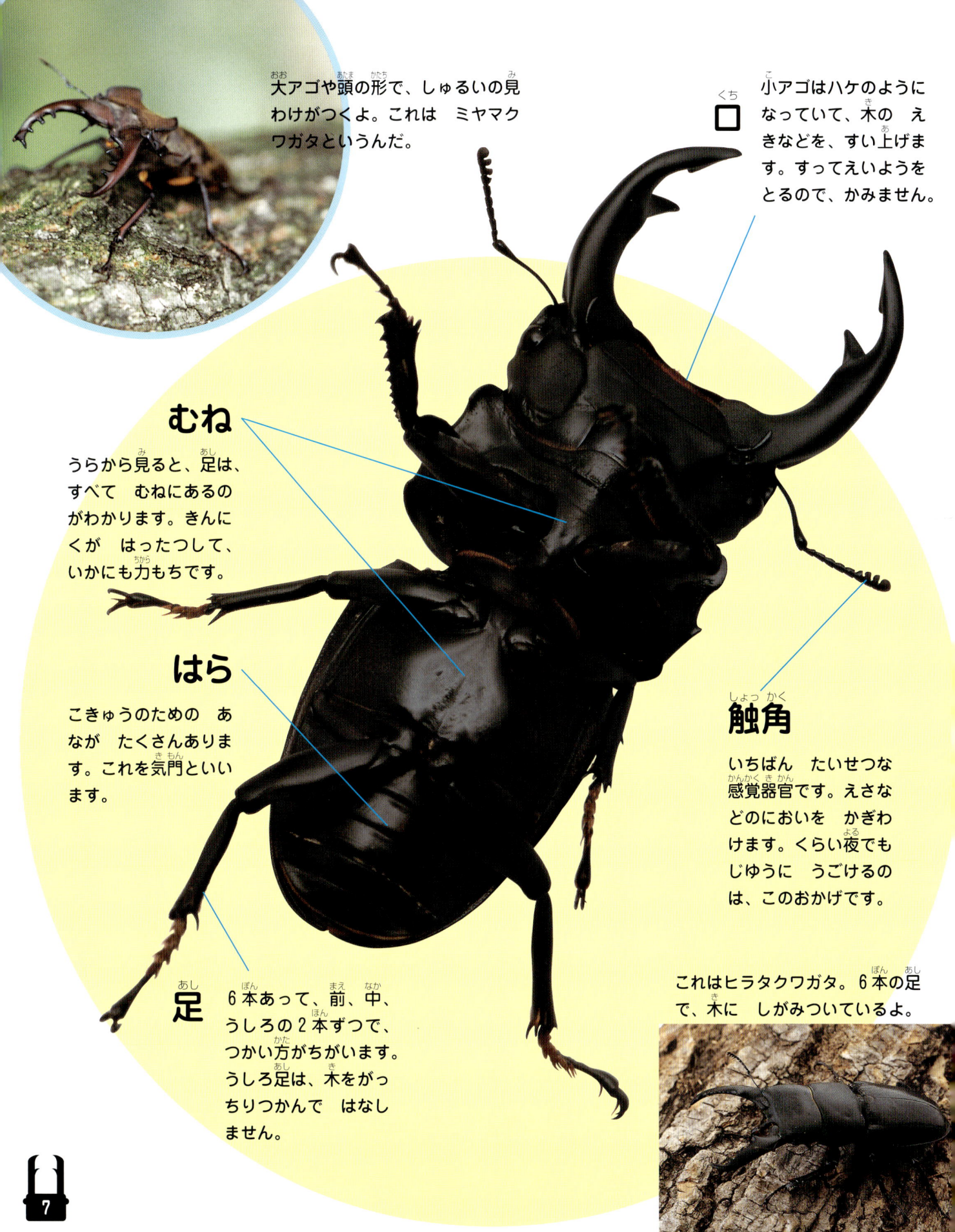

日本のクワガタが大集合！

日本にいる
クワガタムシのなかまは
およそ35しゅるいも いるんだ。
そのなかから 12しゅるいを
えらんでみたよ。

ぜったい見つけたいにんきもの

おなじみのクワガタムシだよ。
近くの林をさがしてみよう。

クワガタの王さま
オオクワガタ

どうどうと
している けれど、
じつは、よう心ぶかいんだ。

生息地域／本州、四国、九州
全長／55〜75mm

よこはばが広くて、りっぱな体。でも音にびんかんで、おとなしいんだ。昼は、お気に入りのクヌギの木にかくれているよ。

大アゴには、2本の歯があるよ。とがっていて、はさまれると とてもいたい。てきとたたかったり、木のみきをけずったりするんだ。

10

木のえきや、くさった くだものが大すき。夜になると、木のすきまから出てくるよ。

■生息地域は、おおよその地域です。
■全長は大きく育った成虫のオスのおおよその寸法です。

大きくて、力もち
ヒラタクワガタ

生息地域／本州の岩手県以南、四国、九州、南西諸島
全長／50〜70mm

あたたかい地方になかまがたくさんいるよ。

大アゴに、小さい歯がたくさんある。オオクワガタのツルンとした アゴと見くらべると、よくわかるね。生まれたところによって、大アゴの形がちがうんだ。

のこぎりみたいな大アゴは、ケンカのとき、あいての体の下に もぐりやすいように、そった形をしているよ。

ギザギザの大アゴ
ノコギリクワガタ

生息地域／沖縄県をのぞく全国
全長／40〜70mm

けんかずきで、
あらあらしい
せいかく。
大アゴで あいてを
なげとばすぞ。

メスを たいせつにして、てきが近づくと、オスがメスを かばうんだ。

ちょっと小さめ コクワガタ

オオクワガタに近いなかまだよ。
2～3年も生きるんだ。

あつい夏よりも、少しすずしくなってきたころに、見つかることが多いよ。ほかの虫が少ないから、のんびりできるのかもしれないね。

生息地域／沖縄県をのぞく全国
全長／30～50mm

ゴツゴツいかつい頭 ミヤマクワガタ

高い山にいて、よろいみたいな頭だよ。

生息地域／沖縄県をのぞく全国
全長／45～75mm

頭のうしろの ぶぶんが、左右に はり出しているよ。よろいみたいで、かっこいいね。山地にすんでいて、平地には少ないんだ。

けんかのときは、りっぱな大アゴを高くもちあげるぞ。強く かんだほうが勝ちなんだ。けんかは、ノコギリクワガタよりも強いよ。

トクノシマヒラタクワガタ
生息地域／徳之島、与路島　全長／60〜78mm
大アゴのちょうどまん中に、大きな歯があるね。夜、かつどうするんだ。

ツシマヒラタクワガタ
生息地域／対馬
全長／60〜82mm
大アゴにある歯が、ねもと近くに生えているよ。日本で いちばん大きくなるんだ。

ヒラタクワガタのなかまたち

生まれたしまによって、アゴの形が ちがうぞ。

オキナワヒラタクワガタ
生息地域／沖縄本島
全長／60〜71mm

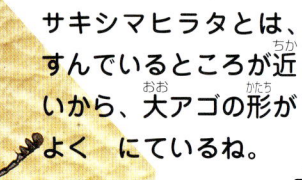

サキシマヒラタとは、すんでいるところが近いから、大アゴの形がよく にているね。

サキシマヒラタクワガタ
生息地域／石垣島、西表島、竹富島、小浜島、与那国島
全長／60〜79mm

大アゴの先が とがっているね。日本でいちばん 南にいるんだ。

ノコギリクワガタのなかまたち

大アゴや歯のかずもそれぞれちがうぞ。

アマミノコギリクワガタ
生息地域／奄美大島、加計呂麻島
全長／60〜79mm

大アゴが、大きく左右にひらいていて、はく力まんてんだね。

トカラノコギリクワガタ
生息地域／トカラ列島
全長／60〜74mm

ツヤツヤな茶色が、かっこいいね。しまによって、色がちがうよ。

まっ黒で、足が太めな体。のしのしと あるいているよ。

オキノエラブノコギリクワガタ
生息地域／沖永良部島　全長／50〜64mm

前足を立てて、おこっているよ。大アゴには、細かい歯が たくさんあるね。

アジアのクワガタ大集合

ジャングルや
ゆたかな自然は
こん虫の ほうこ。
かっこいいぞ。

セアカフタマタクワガタ
生息地域／マレーシア、インドネシア
全長／70〜80mm

気があらい クワガタなんだ。
今にも おそってきそうだね。

大アゴじまんのなかまたち

メタリフェルホソアカクワガタ
生息地域／インドネシア
全長／80〜100mm

からだの半分いじょうが、大アゴだよ！ これは強そうだね。

フタテンアカノコギリクワガタ
生息地域／モンゴル、中国、韓国、台湾
全長／40〜66mm

茶色い体がツヤツヤしていて、きれいだね。アゴも長くて大きいよ。

オウゴンオニクワガタ

生息地域／インドネシア
全長／60〜82mm

大アゴが小さいのが とくちょう。金色に かがやく体は、林の中でも目立ちそうだね。

パプアキンイロクワガタ

生息地域／ニューギニア島　全長／40〜56mm

にじ色の体が、きらきらしているね。草のしるが大すきな かわりもの。

ディディエールシカクワガタ

生息地域／マレーシア　全長／60〜84mm

大アゴが長くて、太いね。まるで シカのつのみたいで、とっても いさましいね。

ツヤクワガタのなかまたち

きれいで、ツヤツヤな羽が とくちょうだよ。

オス　　　　　メス

キレイでしょ!

ワラストンツヤクワガタ
生息地域／マレーシア　全長／60～77mm

左がオスで、右がメス。手を近づけると、立ち上がっておこった。この上のオスは、発育がわるくて、大アゴが、メスと同じくらいの大きさしかないんだ。こういうことを「小歯系」というよ。

ルデキンツヤクワガタ
生息地域／インドネシア　全長／60～70mm

頭と むねには、するどい とげがある。手で つかむと、チクンといたい。

スペクタビリスツヤクワガタ

生息地域／インドネシア　全長／60～78mm

オスとメスを　くらべると、メスは体が　だいぶ小さいね。木の高いところにいることが多いんだ。

黄色のおなかに、黒のひとすじが、おしゃれだね。大アゴのつけねに、赤いもようがあるよ。

スチーブンスツヤクワガタ

生息地域／インドネシア
全長／60～82mm

羽のりょうわきの色がうすいオレンジ色。とても　きれいなクワガタだよね。大アゴは、四角く　つき出ているよ。

ダイオウヒラタクワガタ
生息地域／インドネシア　全長／70〜92mm

よこはばが広くて、大アゴがするどく、くの字にまがっているね。まさに「大王」だよ。

パラワンオオヒラタクワガタ
生息地域／フィリピン　全長／80〜110mm

まっすぐな大アゴには、細かい歯が、たくさん生えているよ。かなり　きょうぼう。

スマトラオオヒラタクワガタ
生息地域／インドネシア　全長／80〜110mm

はば広の大アゴが、とても　めずらしいね。気があらくて、おこりっぽいんだ。

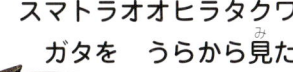

スマトラオオヒラタクワガタを　うらから見たところ。

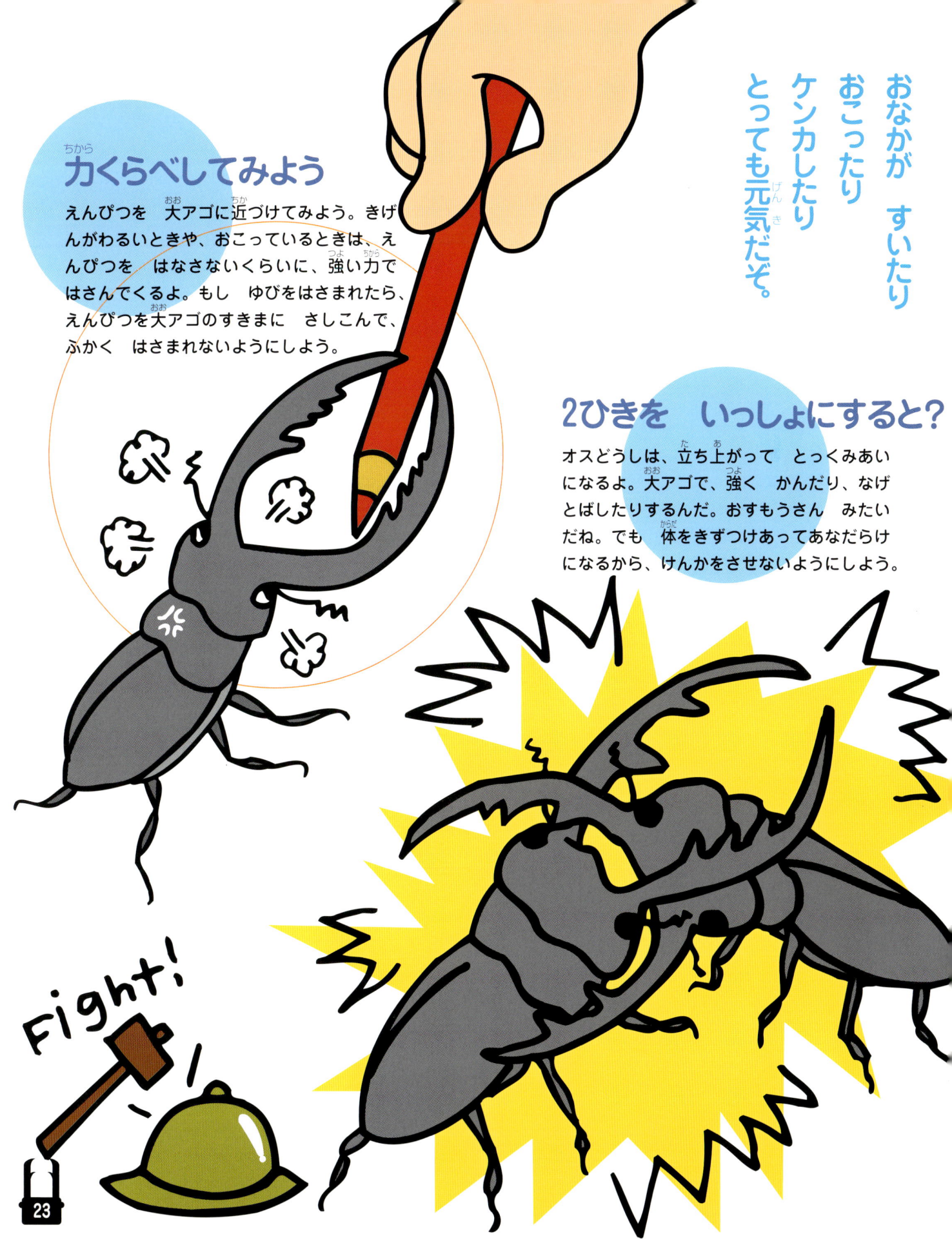

おなかが すいたり
おこったり
ケンカしたり
とっても元気だぞ。

力くらべしてみよう

えんぴつを 大アゴに近づけてみよう。きげんがわるいときや、おこっているときは、えんぴつを はなさないくらいに、強い力ではさんでくるよ。もし ゆびをはさまれたら、えんぴつを大アゴのすきまに さしこんで、ふかく はさまれないようにしよう。

2ひきを いっしょにすると？

オスどうしは、立ち上がって とっくみあいになるよ。大アゴで、強く かんだり、なげとばしたりするんだ。おすもうさん みたいだね。でも 体をきずつけあってあなだらけになるから、けんかをさせないようにしよう。

クワガタムシは林が大すき

細長くて、うすいはっぱ。秋になると、ドングリの実が なるんだ。

これが、大すきなクヌギの木だ！
クワガタムシは、クヌギやコナラの木が大すき。みきの、ふかいみぞに かくれているんだ。

林には、いろいろな木が あるけど、クワガタムシがいるのは、どの木かな？

こんな ところに いるよ。

えきが しみ出ている！

クワガタは、木のみきから出る あまい えき（樹液）を さがしているよ。これを食べに あつまるんだ。

あなが あいている！

音に びんかんで、昼まは 木のあなに かくれたり、木のねもとの土の中にいるんだ。

くさった 木がある！

風とおしがよい場所の、かわいた木の中に もぐっていることがある。じめじめと した木には いないよ。

クワガタムシのくらし

大こうぶつをさがして、あっちこっち大いそがしなんだ！

4まいの羽で空をとぶよ
外がわの羽で、ほうこうをきめて、うちがわの羽で　はばたいて　とぶよ。

あまい　えきを見つけたぞ。おいしそう。
ふでの先のような　小アゴは、いつもは口のなかに　おさまっているよ。あまい　えきを見つけると、グーンとのばして、ペロペロとなめるんだ。

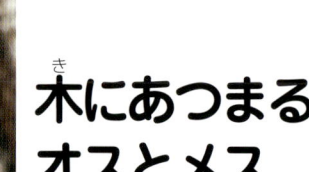

木にあつまるオスとメス
木のみきには、クワガタムシのほかに、カナブン、スズメバチ、カブトムシなどのこん虫も　あつまってえさのとりあいになるんだ。

おーっと
立ち上がった！

木のみきから出る あまいえきを、とりあいになっちゃった！ 2ひきともゆずらないぞ。

ケンカするときは、体を立てて、大アゴを ふりかざすんだ。体を大きく見せて、あいてを おどすんだよ。

たいへん ケンカしてるよ！

大アゴで、おしあいへしあい。なかなか しょうぶが つかないぞ。どっちが強いかな？

じまんの
大アゴで
カツン！

うーん まいった しんだフリ……。

ノコギリクワガタは、木からおちると ひっくりかえっしんだフリをするんだ。

ポトッ！

うんちもするよ！

クワガタムシは、うんちと おしっこを、いっしょにするよ。木のえきをすっているから、うんちが水っぽいんだ。よごれないように、おしりを上げるよ。

クワガタムシの一生

たまごから、成虫になるまでにクワガタムシは、体の形がかわるよ。

←たまごをうむ

メスは、クヌギなどのかれ木に、大アゴであなを ほります。ひとつのあなに、ひとつたまごをうみ、あなをうめなおします。

交尾

夏になると、オスとメスは、交尾をします。おわると、メスはたまごをうむ じゅんびをはじめます。

クワガタの交尾

オスはメスをまもるようにして、交尾をします。おわると、べつべつに くらします。

幼虫

2週間ほどで、幼虫が生まれます。まわりの木を食べて、2かい、脱皮をします。目がないので、触角でようすをさぐります。

さなぎ

じゅうぶんに えいようをためると、さなぎになります。クワガタらしい形になってきて、オスかメスか 見分けられるようになります。

ノコギリクワガタのオスは、夏のあいだじゅう、メスを さがしています。

成虫

さなぎが黒くなると、やがてかわをやぶって、成虫になります。たまごから、成虫になるまで、だいたい2年くらいかかります。

クワガタムシをつかまえよう

自分だけの
強くて、かっこいい
クワガタムシを
ぜったい手に入れるぞ！

夜の林にいって木のみきに光をあててみよう

クワガタムシは、夜、元気にうごきまわります。これを、夜行性といいます。あまい えきをさがして、あちこちから やってくるのです。木のやや上のほうや、ねもとなどに、あつまっていることが多いので、よく見てみましょう。

夜、林や森にクワガタムシをとりにいくときは、おとなの人と いっしょにいこうね。

おとなのクワガタをつかまえる

クワガタムシの すきなものや、くせを知ろう。

大すきな食べもので、さそい出す

ハチミツなどの、あまくて いいにおいが するものを、木にぬってみましょう。アリがのぼっていない木を えらぶといいよ。つぶしたバナナをつかう やり方もあります。

あかるいところに いってみる

夜、かつどうするクワガタは、光にあつまる くせがあります。月が出ていない くらい夜に、あかるいあかりのところに いってみましょう。じどうはんばいきのあかりにも、クワガタは ひきよせられます。

幼虫をつかまえる

秋や冬には
木の中でねむっているよ。

かれた木を見つける

クワガタムシの幼虫は、さむい きせつは、木の中にかくれています。かれている木を、ドライバーなどでほじってみましょう。たまごをうんだ あとがある木をさがすと よいでしょう。

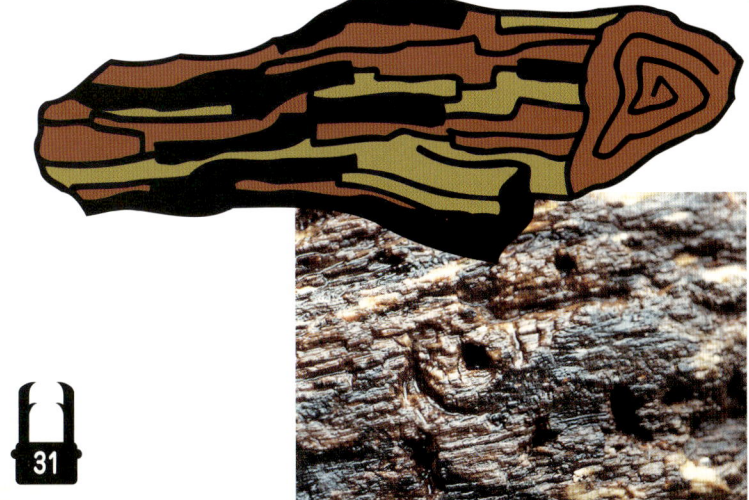

幼虫を育てよう

幼虫は、1〜2年かけて大きく成長するよ。

1 キノコのきんをうえた木くずを、つめたビンをつかいます。このビンは、こん虫をうっている　お店などにあります。

2 幼虫を、そっとビンの中に入れて、くらくて、あまり温度が　かわらないところに　おきます。木くずをもぐもぐ食べて、幼虫は　どんどん大きくなります。

3 3か月くらいたつと、幼虫が、木くずを食べつくしてきたのが、ビンの外から見えてきます。こうなってきたら、新しいビンを　よういしましょう。

4 2本目のビンの上の木くずに、少し　あなをあけておきます。スプーンをつかって、そっと　うごかしましょう。

5

幼虫は、新しいビンの木くずを食べて、もっと大きくなります。くらいところが すきなので、どんどん下へもぐっていきます。

6

幼虫が じゅうぶん育つと、さなぎになります。こうなると、木くずは食べません。自分でへやをつくり、成虫になるのを まちます。

7

羽化をするころの さなぎ。大アゴや目もできて、だいぶクワガタらしくなってきます。このさなぎは、70㎜の成虫になりました。

ビンをうごかしたりすると、さなぎがつかれて、うまく、成虫になれない こともあるよ。そっとしておいてあげてね。羽化して成虫になっても、1週間は そっとしておいてあげよう。

クワガタムシをかってみよう

クワガタムシの しゅるいによって、育て方のコツが あるよ。

クワガタムシは、かんそうに よわいので、土や木くずは、いつも少ししめらせておきます。そして、ちょくせつ日があたらない、すずしいところに おいてあげましょう。かうときに、なによりもたいせつなことは、クワガタムシをかわいがってあげることです。

●ノコギリクワガタのかい方

えさは、水そうの はじとはじの2かしょに、おいてあげてね。クワガタムシはうらがえってしまうと、おき上がるのが にがてだから、木のえだを入れておこう。6月中ごろから8月にかけて、たまごをうむよ。

●ミヤマクワガタのかい方

気温が高いところが きらいだから、家の中で いちばん すずしいところに、水そうをおいてあげてね。6月はじめから9月はじめにかけて、たまごをうむよ。木ではなく、黒土の中にうむんだ。

ようい するもの

水そう

にげないように、ふたがあるものをえらぼう。

＋

土や木くず

水でしめらせて、水そうの下10cmくらいに、しきつめよう。

＋

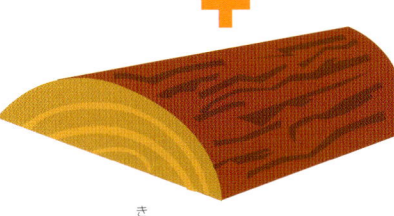
木のえだ

自分でおき上がれるように、つかまりやすいえだを入れるよ。

＋

えさ

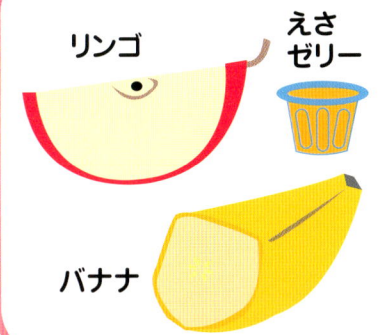
リンゴ　えさゼリー　バナナ

くだものは、くさりやすいから2日に1かいは、とりかえてあげよう。お店でうっている、えさゼリーもべんりだよ。

●オオクワガタ、コクワガタ、ヒラタクワガタの かい方

あたたかいところが すきだけど、ちょくせつ日があたるところは あつすぎるので、さけて水そうをおいてあげてね。5月中ごろから10月はじめにかけて、たまごをうむよ。

冬になったら？

オオクワガタ、コクワガタ、ヒラタクワガタは、冬をこして、つぎの夏も元気だよ。土や、木くずをふやして、もぐれるようにしておこう。

クワガタムシおもしろちしき

クワガタムシの体について、みんなのぎもんに こたえるぞ。

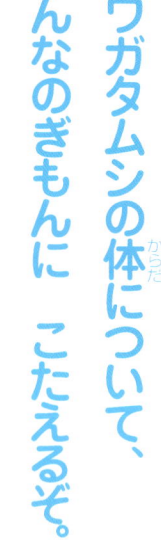

クワガタムシはなん年くらい生きられるの？

林でとってきたノコギリクワガタとミヤマクワガタは、ざんねんながら、夏がおわるとしんでしまうんだ。ほかのクワガタはだいじに育てると3年も生きることがあるよ。

オスなのに大アゴが小さいクワガタもいるの？

幼虫のとき、えさをじゅうぶんに食べられなかったりすると、オスでも大アゴが小さいクワガタに育つんだ。

クワガタムシとバッタでは成長のしかたがちがうの？

クワガタムシは、たまご→幼虫→さなぎ→成虫と、形をかえながら大きくなったね。これを、完全変態というんだ。でもバッタは、成虫と同じ形の幼虫が、そのまま大きくなるんだ。これを、不完全変態というよ。

たまご

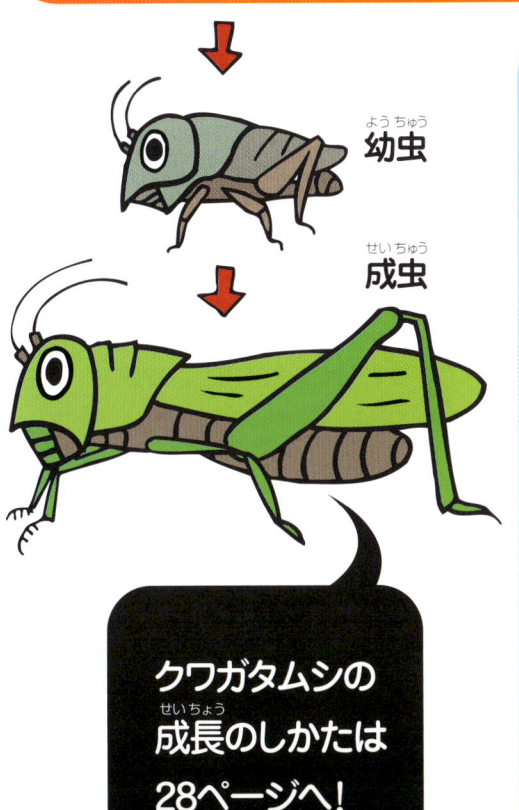

幼虫

成虫

クワガタムシの成長のしかたは28ページへ！

クワガタムシはこきゅうをするの？

体のりょうわきに、気門というあながあって、そこをつかってこきゅうをする。ぜんぶで10こあるんだよ。でも、すう空気のりょうは、少しでもいいんだ。

クワガタの全長ってどこからどこまで？

大アゴの先から、羽の先までを、はかってみよう。オオクワガタなら、70㎜より大きいとじまんできるぞ。

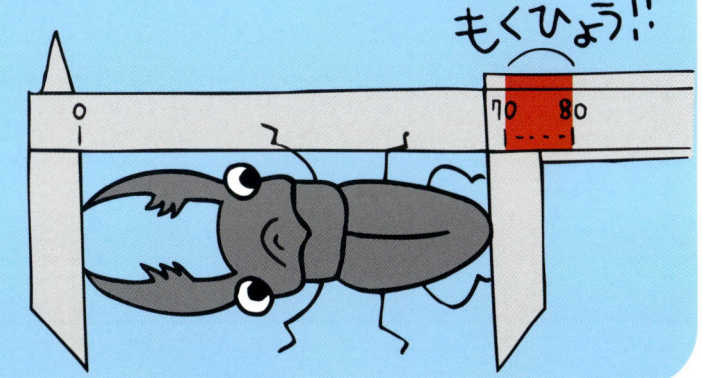

もくひょう!!

クワガタムシおもしろちしき なんでも

もっと、知りたい！クワガタムシのこと。

つかまえたクワガタムシはもっと大きくなる？

成虫になると、もう大きくならないよ。大きなクワガタムシがほしいなら、幼虫のときに大きくしよう。

クワガタムシをつかまえたら水であらおう

林にいると、体にダニがつくことがある。ハブラシでやさしくおとしたり、水できれいにしてあげてね。

クワガタとりのひみつへいき

ストッキングに、かわごとバナナを入れてつぶし、しょうちゅうをかけてみよう。木にぶらさげておくと、夜、クワガタムシがよってくるよ。

クワガタとカブトムシどっちが強い？

カブトムシが強い。えさのとりあいになると、カブトムシの太いつので、クワガタははねとばされてしまうんだ。ざんねん。

木のみきのえきに あつまる虫たち

木のみきから出るあまい えきは、こん虫たちが大すきな ごちそうなんだ。夜になると、クワガタムシ、カブトムシ、ガのなかま、カミキリムシなどが あつまってくるよ。

ぜったいやくそくだよ！

かっているクワガタを外にはなすのはやめよう！

自然のなかでは、小さな生きものたちは おたがいに たすけあって 生きています。だから、ほかのところの生きものを、かってにはなしては いけないんだ。かえなくなったときは、お店にそうだんしてみよう。

クワガタとりに いくときには ここに ちゅうい！

林には、きけんな どうぶつもいるよ。ハチやヘビは、どくがあるものもいるから、けっして近づいてはダメだよ。足もとに生えている タケノコにも気をつけよう。

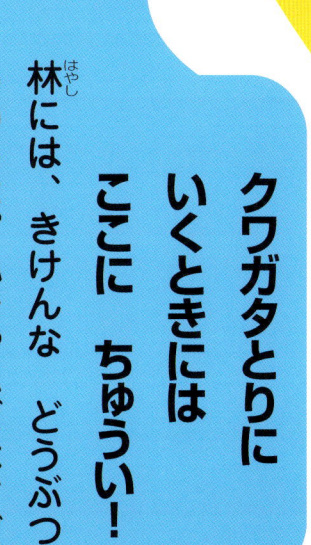

ハチ
ヘビ
タケノコ

監修／高家博成　農学博士・昆虫学者
撮影／佐藤　裕・安東　浩
絵／Cheung*ME
装丁・デザイン／M.Y.デザイン
　　　　　　　（赤池正彦・吉田千鶴子）
校閲／鋤柄美幸
編集／エディトリアル・オフィス・ワイズ
　　　（屋敷直子）
取材協力／大田原市ふれあいの丘自然観察館

育てて、しらべる
日本の生きものずかん　1

クワガタムシ

2004年　2月25日　第1刷発行
2013年　6月23日　第6刷発行

　　　　　　　　たかいえひろしげ
監修　　　高家博成
発行者　　鈴木晴彦
発行所　　株式会社　集英社
　　　　　〒101-8050　東京都千代田区一ツ橋2－5－10
　　　　　電話　編集部 03-3230-6144
　　　　　　　　販売部 03-3230-6393
　　　　　　　　読者係 03-3230-6080
印刷所　　日本写真印刷株式会社
製本所　　加藤製本株式会社

ISBN4-08-220001-0　　C8645　　NDC460

定価はカバーに表示してあります。
造本には十分注意しておりますが、乱丁・落丁（本のページ順序の間違いや抜け落ち）の場合はお取り替え致します。
購入された書店名を明記して小社読者係宛にお送り下さい。送料は小社負担でお取り替え致します。
但し、古書店で購入したものについてはお取り替え出来ません。
本書の一部あるいは全部を無断で複写・複製することは、法律で認められた場合を除き、著作権の侵害となります。
また、業者など、読者本人以外による本書のデジタル化は、いかなる場合でも
一切認められませんのでご注意ください。

©SHUEISHA　2004　Printed in Japan